BEI GRIN MACHT SICH IHR WISSEN BEZAHLT

- Wir veröffentlichen Ihre Hausarbeit,
  Bachelor- und Masterarbeit

- Ihr eigenes eBook und Buch -
  weltweit in allen wichtigen Shops

- Verdienen Sie an jedem Verkauf

Jetzt bei www.GRIN.com hochladen
und kostenlos publizieren

Christian Wollnik

Gemeinschaftsaufgabe: "Verbesserung der regionalen Wirtschaftsstruktur" (GRW)

GRIN Verlag

Bibliografische Information der Deutschen Nationalbibliothek:

Die Deutsche Bibliothek verzeichnet diese Publikation in der Deutschen National-
bibliografie; detaillierte bibliografische Daten sind im Internet über http://dnb.d-
nb.de/ abrufbar.

Impressum:

Copyright © 2005 GRIN Verlag GmbH
Druck und Bindung: Books on Demand GmbH, Norderstedt Germany
ISBN: 978-3-638-79138-0

Dieses Buch bei GRIN:

http://www.grin.com/de/e-book/47951/gemeinschaftsaufgabe-verbesserung-der-
regionalen-wirtschaftsstruktur

GRIN - Your knowledge has value

Der GRIN Verlag publiziert seit 1998 wissenschaftliche Arbeiten von Studenten, Hochschullehrern und anderen Akademikern als eBook und gedrucktes Buch. Die Verlagswebsite www.grin.com ist die ideale Plattform zur Veröffentlichung von Hausarbeiten, Abschlussarbeiten, wissenschaftlichen Aufsätzen, Dissertationen und Fachbüchern.

Besuchen Sie uns im Internet:

http://www.grin.com/

http://www.facebook.com/grincom

http://www.twitter.com/grin_com

Philipps-Universität Marburg
Fachbereich 19 – Institut für Geographie
US Wirtschaftsgeographie
Wintersemester 2005/2006

Gemeinschaftsaufgabe GRW

Gemeinschaftsaufgabe GRW

Inhaltsverzeichnis

1 Einleitung

In der folgenden Arbeit wird die Gemeinschaftsaufgabe „Verbesserung der regionalen Wirtschaftsstruktur" – kurz: GRW – im Rahmen der Themenreihe „Wirtschaftsgeographische Grundkonzepte räumlicher Strukturen, Disparitäten und Politik" des Unterseminares Wirtschaftsgeographie vorgestellt.

Zu Beginn der Arbeit soll eine kurze Einführung (→ Kapitel 2.1) einen ersten Überblick über das Themengebiet der GRW gewähren, woraufhin die (institutionellen) Rahmenbedingungen (→ Kapitel 2.2) vorgestellt werden. Anschließend folgt ein kurzer Überblick der Entstehungs- und Entwicklungsgeschichte der GRW inklusive einer aktuellen Bestandsaufnahme unter Berücksichtigung des Einflusses der EU auf die deutsche Regionalpolitik (→ Kapitel 2.3).

Im anschließenden dritten Teil der Arbeit werden die Aufgaben und Ziele der GRW sowie die zum Erreichen dieser Ziele durchgeführten Maßnahmen konkretisiert (→ Kapitel 3.1 bis 3.3). Durch das Verwenden von Statistiken (→ Kapitel 3.4.1 und 3.4.2) sollen hier Art und Intensität (Umfang) der von der GRW durchgeführten Maßnahmen deutlich werden.

Im folgenden Teil der Arbeit (→ Kapitel 4) wird erläutert, wie die einzelnen (Wirtschafts-)Regionen der Bundesrepublik entsprechend ihrer Wirtschaftskraft und der daraus resultierenden Förderbedürftigkeit unterteilt werden.

2 Grundlegende Informationen, Überblick

2.1 Einführung in das Themengebiet

Die Gemeinschaftsaufgabe „Verbesserung der regionalen Wirtschaftsstruktur" – im Folgenden: GRW - ist eines der Hauptinstrumente der Regionalpolitik in der Bundesrepublik Deutschland.

Mit den Mitteln der Gemeinschaftsaufgabe werden Investitionsvorhaben der gewerblichen Wirtschaft einschließlich des Tourismusgewerbes, sowie Projekte der wirtschaftsnahen Infrastruktur in strukturschwachen Regionen, durch eine Investitionszulage gefördert (→ Kapitel 3.3). Durch diese Fördermaßnahmen sollen die regionale Wirtschaft gestärkt und neue Arbeitsplätze geschaffen bzw. alte gesichert werden (→ Kapitel 3.1).

Laut Artikel 91a des Grundgesetzes definiert sich eine Gemeinschaftsaufgabe als „für die Gesamtheit bedeutsam", sodass der Bund seine „Mitwirkung zur Verbesserung der Lebensverhältnisse" für erforderlich hält. Weitere Gemeinschaftsaufgaben neben der GRW sind die Gemeinschaftsaufgaben „Verbesserung der Agrarstruktur und des Küstenschutzes" sowie „Aus- und Neubau von Hochschulen." Der GRW kommt allerdings die mit Abstand größte Bedeutung dieser Gemeinschaftsaufgaben zu.

Unter Berücksichtigung der Tatsache, dass in erster Linie die Länder für die wirtschaftliche Entwicklung ihrer Region verantwortlich ist (Art. 30 GG), kann die GRW als Zusammenwirken von Bund und Ländern bezeichnet werden. Laut dem KLEMMER (2005: 366) kann diese Zusammenarbeit von Bund und Ländern als „kooperativer Föderalismus", der sich auf planerischer und finanzieller Ebene sowie bei der Durchführung und Erfolgskontrolle der im Sinne der Gemeinschaftsaufgabe getätigten Maßnahmen aufzeigt, verstanden werden (→ Kapitel 2.2).

2.2 Institutionelle und rechtliche Ausgestaltung der GRW

Die planerische Grundlage der GRW ist der rechtsverbindliche Rahmenplan, der jährlich überprüft und der aktuellen Entwicklung entsprechend modifiziert wird. Aufgestellt wird dieser Rahmenplan von Bund und Ländern gemeinsam (DEUTSCHER BUNDESTAG 2005: 8) jeweils für den Zeitraum der Finanzplanung von vier Jahren. So gilt aktuell der 34. Rahmenplan vom 14.03.2005 für den Zeitraum von 2005 bis 2008.

In den einzelnen Rahmenplänen werden Fördergebiete festgelegt und entsprechend ihrer Förderbedürftigkeit in fünf Arten von Fördergebieten unterteilt (→ Kapitel 4) sowie in unterschiedliche so genannte „Regionale Förderprogramme" zusammengefasst (DEUTSCHER BUNDESTAG 2005: 53 ff.). Des Weiteren werden die angestrebten Ziele für diese Regionalen Förderprogramme konkretisiert; Vorraussetzungen, Art und Intensität der Förderung geregelt und die Maßnahmen und die dafür zur Verfügung stehenden Mittel, getrennt nach Haushaltsjahren, dargelegt (KLEMMER 2005: 367).

Die Durchführung, das heißt die Auswahl der förderwürdigen Projekte, ist allerdings alleinige Ländersache (§§ 7 und 9 GRGW; CROW 2001: 76). Auch die Erfolgskontrolle (Evaluation) wird von den Ländern durchgeführt, obgleich sie rechtlich gesehen eine gemeinsame Aufgabe von Bund und Ländern darstellt.

Die GRW ist ein so genanntes Mischfinanzierungsinstrument (CROW 2001: 65), bei dem Bund und Länder bei der Finanzierung der Förderungen im Sinne der Gemeinschaftsaufgabe jeweils zu 50% beteiligt sind (BATHELT 2003: 76).

2.3 Entstehung und Entwicklung der GRW

Die GRW trat am 01. Januar 1970 auf Grundlage des Gesetzes über die Gemeinschaftsaufgabe „Verbesserung der regionalen Wirtschaftsstruktur" (GRWG) vom 06.10.1969 (CROW 2001: 70, 76) sowie den bereits in Kapitel 2.1 erwähnten Artikeln 91a und 30 des Grundgesetzes der Bundesrepublik Deutschland in Kraft.

Ihren Ursprung findet die GRW allerdings bereits in der Nachkriegszeit des zweiten Weltkrieges, als die Notstands- und Zonenrandgebiete der neu gegründeten Bundesrepublik mit erheblichen wirtschaftlichen Problemen zu kämpfen hatte. Gegen Ende der

1960er Jahre zeigte sich in Deutschland, dass die Wirtschaftslage zwar insgesamt relativ gut war, aber verstärkte regionale Disparitäten ein (gesetzlich begründetes) Eingreifen der Politik erforderlich machten (CROW 2001: 65). Im Zuge der Wiedervereinigung gewann die GRW enorm an Bedeutung, da von nun an das innerstaatliche Entwicklungsgefälle, d.h. die Spannweite der regionalen Disparitäten in der BRD deutlich zunahmen (CROW 2001: 66). Auch der voranschreitende europäische Einigungsprozess hat ist von großer Bedeutung für die deutsche Regionalplanung (→ Kapitel 5).

3 Aufgaben, Ziele und Maßnahmen der GRW

3.1 Ausgleichs- und Wachstumsziel

Die Ziele, die durch die Gemeinschaftsaufgabe verfolgt werden, sind das Ausgleichs- und das Wachstumsziel (CROW 2001: 66). Durch die gezielte Förderung ausgewählter gewerblicher oder infrastruktureller Investitionsvorhaben in strukturschwachen Regionen soll diesen die Möglichkeit gegeben werden, den Anschluss an die allgemeine Wirtschaftsentwicklung zu halten (Wachstumsziel), und Standortnachteile sowie Entwicklungsunterschiede gegenüber anderen Wirtschaftsregionen der Bundesrepublik zu verringern (Ausgleichsziel) (BATHELT 2003: 76). Als ein wichtiges und unmittelbares Ziel im Rahmen von Ausgleichs- und Wachstumseffekten gilt vor allem die Schaffung neuer bzw. die Sicherung alter Arbeitsplätze sowie die Verbesserung der Einkommenslage in strukturschwachen Regionen (BUNDESMINISTERIUM FÜR WIRTSCHAFT UND ARBEIT 2005).

3.2 Der Exportbasisansatz

Eine wichtige Rolle bei der Verfolgung der Ziele der GRW spielt der Exportbasisansatz. In der Grundannahme geht diese wirtschaftliche (Wachstums-)Theorie davon aus, dass der Exportsektor einer Region den Schlüssel zu ihrer wirtschaftlichen Entwicklung darstellt, da ein Einkommenszuwachs im Exportsektor eine Erhöhung des Einkommens einer gesamten Region bedingt, was wiederum zahlreiche „Multiplikator-" oder „Wachstumseffekte" nach sich zieht (SCHÄTZL 1992; BATHELT 2003: 75 f.). Dementsprechend müssen förderungswürdige Investitionsvorhaben von Unternehmen exportorientiert sein (BATHELT 2003: 76).

3.3 Förderwürdige Investitionsvorhaben im Sinne der GRW

Mit den Mitteln der GRW können Investitionsvorhaben der gewerblichen Wirtschaft und des Tourismus unterstützt werden, sofern davon ausgegangen werden kann, dass durch diese Förderungen zusätzliches Einkommen in die betroffenen Regionen gelenkt wird (BATHELT 2003: 76; DEUTSCHER BUNDESTAG 2005: 9). Des Weiteren werden seit dem 29. Rahmenplan von 2000 (DEUTSCHER BUNDESTAG 2000) verstärkt Projekte zur Verbesserung der wirtschaftsnahen Infrastruktur unterstützt.

Förderwürdige Maßnahmen im Bereich der gewerblichen Wirtschaft sind vor allem die Errichtung und Erweiterung von Betriebsstätten, ihre Umstellung (Rationalisierung und Modernisierung), sowie der Erwerb einer bereits stillgelegten oder zumindest von der Stilllegung bedrohten Betriebsstätte (BATHELT 2003: 77; CROW 2001: 66).

Die Mittel, die im Rahmen der GRW gewährt werden, können auf Antrag und nach Prüfung der Förderbedürftigkeit eines Projektes durch die Länder gewährt werden. Somit besteht kein rechtlicher Anspruch auf Förderung (CROW 2001: 66).

3.4   Statistischer Überblick über zur Regionalförderung der GRW

3.4.1   Förderung der gewerblichen Wirtschaft zwischen 1991 und 2004

Zwischen 1991 und 2004 wurden für Investitionen der gewerblichen Wirtschaft in Höhe von über 182 Mrd. rund 35 Mrd. Euro Fördermittel im Rahmen der GRW bewilligt, mit der Zielvorgabe ca. 900.000 neue Arbeitsplätze zu schaffen und 1,4 Mio. Arbeitsplätze zu sichern (BUNDESMINISTERIUM FÜR WIRTSCHAFT UND ARBEIT 2005).

Die Höchstsätze der einzelnen Förderungen hängen von der jeweiligen Förderbedürftigkeit der Regionen ab, in denen dass Unternehmen angesiedelt ist (→ Kapitel 4.1).

Wie in Abbildung 1 zu erkennen ist, floss der größte Teil dieser Gelder - insgesamt rund 80 Prozent - in Investitionsvorhaben des verarbeitenden Gewerbes, andere Zweige der gewerblichen Wirtschaft spielen eher eine untergeordnete Rolle.

3.4.2   Förderung der wirtschaftsnahen Infrastruktur zwischen 1991 und 2004

Investitionsvorhaben im Bereich der wirtschaftsnahen Infrastruktur können mit bis zu 90% der entstehenden Kosten gefördert werden. Zwischen 1991 und 2004 wurden insgesamt Projekte mit einem Gesamtvolumen von über 28,6 Mrd. Euro unterstützt, wobei der Anteil der von der GRW getragenen Kosten bei ca. 18,5 Mrd. Euro lag (ca. 65% des Gesamt-volumens der Investitionen). Wie in Abbildung 2 deutlich wird wurden die meisten Projekte im Bereich der Infrastruktur für den Fremdenverkehr sowie für die Erschließung und Wiederherstellung von Industrie- und Gewerbegeländeflächen getätigt.

Abb. 1: Förderung der gewerblichen Wirtschaft zwischen 1991 und 2004

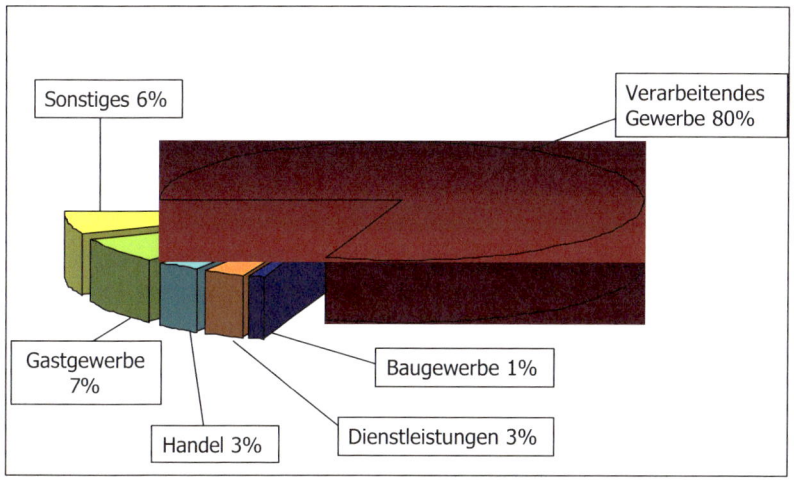

(Quelle: verändert nach BUNDESMINISTERIUM FÜR WIRTSCHAFT UND ARBEIT 2005)

Abb. 2: Förderung der wirtschaftsnahen Infrastruktur zwischen 1991 und 2004

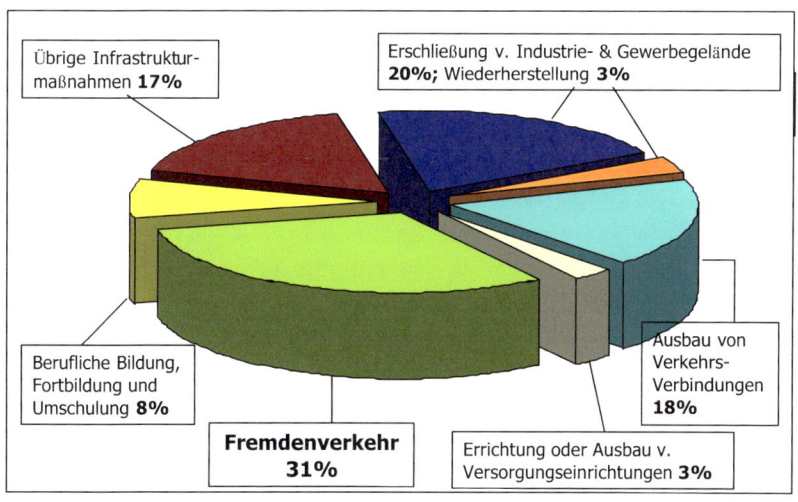

(Quelle: verändert nach BUNDESMINISTERIUM FÜR WIRTSCHAFT UND ARBEIT 2005)

4   Abgrenzung und Unterteilung von Fördergebieten in der BRD

4.1   Methoden der Abgrenzung

Grundsätzlich kommen in der Bundesrepublik drei Arten von Fördergebieten in Frage. Zum einen Regionen, deren Wirtschaftskraft deutlich unter dem Bundesdurchschnitt liegt, zum anderen Regionen mit Strukturproblemen in Folge des Strukturwandels von der Industrie- zur Dienstleistungsgesellschaft, so zum Beispiel das Ruhrgebiet. Von ganz zentraler Bedeutung sind allerdings die neuen Bundesländer, denen seit der Wiedervereinigung im Rahmen des „Aufbaus Ost" und dem damit verbundenen Ziel des Disparitätenausgleichs zwischen Ost und West eine große Bedeutung bei der Verteilung der Fördermittel zuteil wird (BATHELT 2003: 77).

Durch ein vielfältiges Indikatorensystem, das im Folgenden erläutert wird, können die Fördergebiete als solche ermittelt und in fünf Kategorien unterteilt werden, entsprechend ihrer Förderbedürftigkeit. An dieser Bedürftigkeit orientieren sich auch die Höchstsätze der Fördermittel.

Der entscheidende Gesamtindikator setzt sich zusammen aus einem komplexen Infrastrukturindikator (mit einer Gewichtung von 10%), der Erwerbstätigenprognose für die kommenden vier Jahre (10%), dem Pro-Kopf Einkommen der sozialversicherungspflichtig Beschäftigten (40%) sowie der durchschnittlichen Arbeitslosenquote in Westdeutschland bzw. der Unterbeschäftigungsquote in Regionen Ostdeutschlands (40%) (BATHELT 2003: 77).

Laut einer Richtlinie der EU darf die Gesamtbevölkerungszahl der als „förderbedürftig" deklarierten Regionen nicht größer sein als 34,9% der deutschen Gesamtbevölkerung (KLEMMER 2005: 369). Dadurch soll verhindert werden, dass sich das „Entwicklungsgefälle", das heißt die Disparitäten zwischen den Staaten der EU, weiter verstärkt, und dass – nach EU-Durchschnittswerten - als entwickelt geltende Regionen nicht weiter (übermäßig) gefördert werden (KLEMMER 2005: 367; → Kapitel 5).

4.2   Unterteilung der Fördergebiete in der BRD

Nach Festlegung des Gesamtindikators für die einzelnen Wirtschaftsregionen der BRD wird eine Einteilung in fünf Kategorien, A (höchste Förderbedürftigkeit) bis E (geringste Förderbedürftigkeit), vorgenommen.

Aufgrund der starken Disparitäten zwischen neuen und alten Bundesländern fallen unter die Fördergebiete der A- und B-Kategorien lediglich die Regionen der neuen Bundesländer sowie Berlin, die somit als strukturschwächste Wirtschaftsregionen der BRD zu bezeichnet werden können. Hier liegen die Brutto-Förderhöchstsätze bei

Investitionen von Klein- und mittelständischen Unternehmen (im Folgenden: KMU) bei bis zu 50% der Investitionssumme.

Die C-Fördergebiete sind die strukturschwächsten Regionen der alten Bundesländer. Meistens handelt es sich bei Ihnen um Zonenrandgebiete oder - wie schon in Kapitel 4.1 angesprochen – um solche Regionen, die mit Problemen in Folge von starken Struktur-veränderungen in der Wirtschaft zu kämpfen haben. Hier legen die Förderhöchstsätze für KMU lediglich bei 28%, in den Regionen, die unter die D-Fördergebiete fallen bei relativ geringen 15%. Die E-Fördergebiete sind im Zuge der in Kapitel 4.1 bereits erwähnten Beschränkung der deutschen Förderkulisse „geboren" wurden, in ihnen werden nur vereinzelte Investitionen unterstützt, meist auch nur in sehr geringem Maße.

Die einzelnen Förderhöchstsätze für die fünf Kategorien von Fördergebieten sind der angeführten Tabelle zu entnehmen, die Gebiete selbst der Abbildung 3.

Tab. 1:   Förderhöchstsätze für Investitionsvorhaben der gewerblichen Wirtschaft
             nach Fördergebietskategorien

Förderung in	Kategorie	Betriebsstätten von	
		KMU	*sonstige*
Ostdeutschland	*A-Fördergebiete*	50%	35%
	B-Fördergebiete	43%	28%
Westdeutschland	*C-Fördergebiete*	28%	18%
	D-/E-Fördergebiete	15% bzw. 7,5%	max. 100.000 Euro

(Quelle: verändert nach BUNDESMINISTERIUM FÜR WIRTSCHAFT UND ARBEIT 2005)

Abb. 3: GRW-Fördergebiete (Einteilung auf Grundlage des 33. Rahmenplans von 2004)

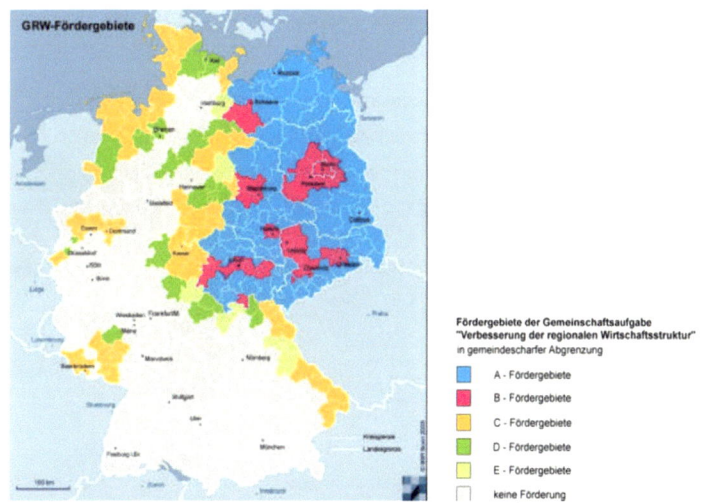

(Quelle: BUNDESMINISTERIUM FÜR WIRTSCHAFT UND ARBEIT 2005)

9

5   Fazit

Allein schon aufgrund des in Kapitel 3 gegebenen Überblicks über Umfang und Art der im Rahmen der GRW bereitgestellten Fördermittel wird deutlich, dass die GRW eines der wichtigsten Elemente der Regionalplanung in der Bundesrepublik darstellt. Trotzdem ist die GRW derzeit nicht unumstritten. KLEMMER (2005: 368 f.) spricht gar von einer „gegenwärtigen Krise", in der die GRW sich befände.

Große Auswirkungen auf die aktuelle deutsche Regionalpolitik hat der voranschreitende europäische Einigungsprozess, insbesondere die EU-Osterweiterung vom Mai 2004. Durch das Drängen der EU auf eine drastische Verringerung der Fördermittel aufgrund der Veränderung des „Entwicklungsgefälles" innerhalb der EU(→ Kapitel 4.1) scheint eine Umstrukturierung von Verteilung und Umfang der Fördermittel in der BRD notwendig, insbesondere wenn man berücksichtigt, dass in großem Umfang auch europäische Fördermittel verfügbar sind (BATHELT 2003: 77). Entgegen kommen diese Pläne den Konsolidierungsplänen der Bundesregierung, die die Mittel der Regionalförderung drastisch kürzen möchte (KLEMMER (2005: 369).

Weiterhin wird kritisiert, dass der Mittelaufwand der GRW im Zeitablauf stark gestiegen ist, wobei sich die Wirksamkeit dieser Mittel offensichtlich verringert hat (BATHELT 2003: 78). BATHELT (2003: 78) „unterstellt" der GRW weiterhin, dass sie neben ihrer geringen Wirksamkeit ebenso geringe Multiplikatoreffekte (→ Kapitel 3.2) besäße, zugleich aber hohe Mitnahmeeffekte der Unternehmen provoziere.

Des Weiteren ist das Modell der Mischfinanzierung von Bund und Ländern sowie die starke Orientierung am Grundsatz der Exportbasistheorie umstritten. Die GRW sei zu sehr am Kapital (KLEMMER 2005: 369), dafür aber zu wenig an der Innovationskraft von Unternehmen orientiert, und wirke nicht nur deshalb eher „strukturkonservierend" als „strukturmodernisierend" (BATHELT 2003: 78).

Insgesamt scheint also eine Um- bzw. Neustrukturisierung der Regionalpolitik – besonders unter Berücksichtigung der komplett geänderten europäischen Rahmen-bedingungen – notwendig. Obgleich mit dem jährlichen Rahmenplan versucht wird „Aktualität" zu wahren: Es wundert nicht, dass ein über 30 Jahre altes Grundmodell einer „Generalüberholung" bedarf.

6　Literaturverzeichnis

BATHELT, H. & J. GLÜCKLER (2003): Wirtschaftsgeographie: Ökonomische Beziehungen in räumlicher Perspektive. Zweite, korrigierte Auflage. UTB – Ulmer: Stuttgart.

BUNDESMINISTERIUM FÜR WIRTSCHAFT UND ARBEIT (2005):
www.bmwa.bund.de/Navigation/Wirtschaft/Wirtschaftspolitik/regionalpolitik.html
(Zugriff am 08.11.2005)

CROW, K.A. (2001): Ausgleich versus Wachstumsziel. Eine Effektivitätsanalyse der Gemeinschaftsaufgabe „Verbesserung der regionalen Wirtschaftsstruktur" am Beispiel Sachsen Anhalt. Dissertation, Universität Halle-Wittenberg.

DEUTSCHER BUNDESTAG (Hrsg.) (2000): Neunundzwanzigster Rahmenplan der Gemeinschaftsaufgabe „Verbesserung der regionalen Wirtschaftsstruktur" für den Zeitraum 2000-2003. Bundestagsdrucksache. Berlin / Bonn.

DEUTSCHER BUNDESTAG (Hrsg.) (2005): Vierunddreißigster Rahmenplan der Gemeinschaftsaufgabe „Verbesserung der regionalen Wirtschaftsstruktur" für den Zeitraum 2005-2008. Bundestagsdrucksache 15/5141. Berlin / Bonn.

KLEMMER, P. (2005): Gemeinschaftsaufgabe „Verbesserung der regionalen Wirtschaftsstruktur". – In: ARL – Akademie für Raumforschung und Landesplanung (Hrsg.): Handwörterbuch der Raumordnung. – 366-369. Hannover.

SCHÄTZL, L. (1992): Wirtschaftsgeographie I – Theorien. Vierte Auflage, Paderborn.